上海市工程建设规范

危险性较大的分部分项工程
安全管理标准

Safety management standard of divisional work and sub divisional work with higher risks

DG/TJ 08—2077—2021
J 11755—2021

主编单位：上海市建设工程安全质量监督总站
　　　　　中国建筑第八工程局有限公司
批准部门：上海市住房和城乡建设管理委员会
施行日期：2022年3月1日

同济大学出版社

2022　上海

图书在版编目(CIP)数据

危险性较大的分部分项工程安全管理标准/上海市建设工程安全质量监督总站,中国建筑第八工程局有限公司主编. —上海:同济大学出版社,2022.6
 ISBN 978-7-5765-0178-0

Ⅰ.①危… Ⅱ.①上…②中… Ⅲ.①建筑工程-工程施工-安全管理-标准 Ⅳ.①TU714-65

中国版本图书馆 CIP 数据核字(2022)第 040550 号

危险性较大的分部分项工程安全管理标准

上海市建设工程安全质量监督总站
中国建筑第八工程局有限公司 主编

责任编辑	朱　勇
责任校对	徐春莲
封面设计	陈益平
出版发行	同济大学出版社　www.tongjipress.com.cn (地址:上海市四平路1239号　邮编:200092　电话:021-65985622)
经　　销	全国各地新华书店
印　　刷	苏州市古得堡数码印刷有限公司
开　　本	889mm×1194mm　1/32
印　　张	2.625
字　　数	71 000
版　　次	2022年6月第1版
印　　次	2025年1月第2次印刷
书　　号	ISBN 978-7-5765-0178-0
定　　价	25.00元

本书若有印装质量问题,请向本社发行部调换　　版权所有　侵权必究

上海市住房和城乡建设管理委员会文件

沪建标定〔2021〕630 号

上海市住房和城乡建设管理委员会关于批准《危险性较大的分部分项工程安全管理标准》为上海市工程建设规范的通知

各有关单位：

由上海市建设工程安全质量监督总站和中国建筑第八工程局有限公司主编的《危险性较大的分部分项工程安全管理标准》，经我委审核，现批准为上海市工程建设规范，统一编号为 DG/TJ 08—2077—2021，自 2022 年 3 月 1 日起实施。原《危险性较大的分部分项工程安全管理规范》DGJ 08—2077—2010 同时废止。

本规范由上海市住房和城乡建设管理委员会负责管理，上海市建设工程安全质量监督总站负责解释。

上海市住房和城乡建设管理委员会
二〇二一年十月九日

前 言

根据上海市住房和城乡建设管理委员会《关于印发〈2018年上海市工程建设规范、建筑标准设计编制计划〉的通知》(沪建标定〔2017〕898号)的要求,由上海市建设工程安全质量监督总站、中国建筑第八工程局有限公司会同部分相关单位修订本标准。标准修订组经广泛的调查研究,认真总结实践经验,并参照国内外相关标准和规范,在反复征求意见的基础上,制定本标准。

本标准的主要内容有:总则;术语;基本规定;安全管理职责;危大工程确认;专项施工方案管理;专项施工方案论证;施工过程管理;应急管理;资料管理;信息化管理;附录。

本标准修订的主要内容是:

1. 建设工程参与各方的安全管理职责。
2. 危大工程专项施工方案的内容、编制、审批、论证管理要求。
3. 危大工程的施工过程管理要求。
4. 危大工程的应急、资料和信息化管理要求。
5. 危大工程及其常见风险点。

各单位及相关人员在执行本标准过程中,如有意见和建议,请反馈至上海市住房和城乡建设管理委员会(地址:上海市大沽路100号;邮编:200003;E-mail:shjsbzgl@163.com),上海市建设工程安全质量监督总站(地址:上海市小木桥路683号;邮编:200032;E-mail:an54614788@aliyun.com),上海市建筑建材业市场管理总站(地址:上海市小木桥路683号;邮编:200032;E-mail:shgcbz@163.com),以供今后修订时参考。

主 编 单 位：上海市建设工程安全质量监督总站
中国建筑第八工程局有限公司
参 编 单 位：上海市住房和城乡建设管理委员会科学技术委员会
上海市建筑施工行业协会质量安全专业委员会
静安区建筑建材业管理中心
奉贤区建设工程安全质量监督站
上海建工二建集团有限公司
上海水务建设工程有限公司
上海建腾建筑工程监理有限公司
上海建浩工程顾问有限公司
上海市建设机械行业协会
龙元建设集团股份有限公司
主要起草人：陶为农　翁益民　王学士　崔　勇　沈　阳
席金虎　李海光　顾勤华　宗春华　华　燕
袁孝伟　邵俊晨　陆佳斌　王乃宵　韩　冬
曹德雄　顾晨飞　赵伟豪　王　魏　樊勤龙
汪阳春　韩　冰　郭　戎　刘成伟　薛　昆
邵君雅　吴哲元　李建华　司徒伊俐
范凌豪
主要审查人：王美华　张　洲　陆荣欣　倪传仁　冯建强
方宝兔　徐　瑾

上海市建筑建材业市场管理总站

目　次

1 总　则 ·· 1
2 术　语 ·· 2
3 基本规定 ·· 3
4 安全管理职责 ·· 4
　4.1 一般规定 ··· 4
　4.2 建设单位 ··· 4
　4.3 勘察单位 ··· 5
　4.4 设计单位 ··· 5
　4.5 监理单位 ··· 5
　4.6 施工单位 ··· 6
5 危大工程确认 ·· 7
　5.1 一般规定 ··· 7
　5.2 施工招投标阶段 ····································· 7
　5.3 施工阶段 ··· 7
6 专项施工方案管理 ·· 9
　6.1 一般规定 ··· 9
　6.2 专项施工方案编制 ··································· 9
　6.3 专项施工方案内容 ··································· 10
　6.4 专项施工方案审批 ··································· 11
7 专项施工方案论证 ·· 12
　7.1 一般规定 ··· 12
　7.2 专家论证组织 ······································· 12
　7.3 论证过程 ··· 13
　7.4 专项论证报告 ······································· 14

8	施工过程管理	16
	8.1 一般规定	16
	8.2 交　　底	16
	8.3 验　　收	17
	8.4 检查与整改	19
9	应急管理	21
10	资料管理	22
11	信息化管理	24

附录 A　危大工程及其常见风险点 ………………… 25
附录 B　超过一定规模的危大工程及其常见风险点 ……… 28
附录 C　危大工程安全管理表格样式 ……………… 31
附录 D　专家论证报告 ……………………………… 39
附录 E　危大工程公示牌 …………………………… 42
附录 F　危大工程验收牌 …………………………… 43
本标准用词说明 ……………………………………… 44
引用标准名录 ………………………………………… 45
条文说明 ……………………………………………… 47

Contents

1 General provisions ································· 1
2 Terms ·· 2
3 Basic requirements ······································· 3
4 Safety management responsibilities ··············· 4
   4.1 General requirements ······························ 4
   4.2 The developer ··· 4
   4.3 The survey unit ······································· 5
   4.4 The design unit ······································· 5
   4.5 The supervisor ··· 5
   4.6 The contractor ··· 6
5 To identify the divisional work & subdivisional work with higher risks ······································· 7
   5.1 General requirements ······························ 7
   5.2 The construction tendering phase ··········· 7
   5.3 The construction phase ··························· 7
6 The special method statement ······················· 9
   6.1 General requirements ······························ 9
   6.2 Preparation of the special method statement ········· 9
   6.3 The contents of special method statement ············ 10
   6.4 Review of the special method statement ··············· 11
7 Approval of the special method statement ····················· 12
   7.1 General requirements ······························ 12
   7.2 The organization of the approval ··········· 12
   7.3 The process of the approval ···················· 13

	7.4 The reports of the approval ················ 14
8	Construction process management of divisional work & subdivisional work with higher risks ···················· 16
	8.1 General requirements ································ 16
	8.2 Disclosure ·· 16
	8.3 Acceptance ··· 17
	8.4 Inspection and rectification ························ 19
9	Emergency management ······································ 21
10	Documents management ···································· 22
11	Informationization manangement ························ 24
Appendix A	Scope and major hazards commonly encountered in divisional work & subdivisional work with higher risks ·· 25
Appendix B	Scope and major hazards commonly encountered in divisional work & subdivisional work with higher risks beyond a certain scale ················ 28
Appendix C	Examples of the forms for divisional work & subdivisional work with higher risks management ··· 31
Appendix D	The reports of the approval ····················· 39
Appendix E	Bulletin board of divisional work & subdivisional work with higher risks ·························· 42
Appendix F	Acceptance board of divisional work & subdivisional work with higher risks ············ 43
Descriptions to wording used in this standard ···················· 44
List of quoted standards ·· 45
Explanation of provisions ·· 47

1 总　　则

1.0.1 为规范建设工程危险性较大的分部分项工程安全管理,细化管理流程,明确建设工程参与各方的职责关系,遏制较大及以上生产安全事故的发生,特制定本标准。

1.0.2 本标准适用于本市行政区域内所有建设工程危险性较大的分部分项工程的安全管理。

1.0.3 危险性较大的分部分项工程及其风险点的确认,以及与之对应的专项施工方案编制、实施、检查与整改等应贯穿工程建设安全管理的全过程。

1.0.4 建设工程危险性较大的分部分项工程安全管理除应符合本标准外,尚应符合国家、行业和本市现行有关标准的规定。

2 术 语

2.0.1 危险性较大的分部分项工程 divisional work & sub divisional work with higher risks

建设工程在施工过程中,容易导致人员群死群伤或者造成重大经济损失的分部分项工程,简称"危大工程"。

2.0.2 有限空间 confined space

在与外界相对隔离,进出口受限,自然通风不良,有可能发生窒息、中毒、火灾、爆炸等危险事件的作业场所。

2.0.3 拆除工程 demolition engineering

可能影响行人、交通、电力设施、通信设施或其他建(构)筑物结构安全的拆除作业。

2.0.4 风险点 risk point

危大工程施工过程中存在一定风险的部位、设施、场所和区域,以及在特定部位、设施、场所和区域实施的存在一定风险的作业过程,或以上二者的组合。

2.0.5 可视化管理 visual management

指利用色标、文字、图形、声音及视频等有效载体,在施工现场建立直观、标准、通用安全信息传递方式,使规章制度、操作规程、警示标语、安全文化等相关安全信息得以清晰、直观地传递,快速地辨识、理解及落实。

3 基本规定

3.0.1 建设工程参与各方均应建立本单位危大工程监督管理体系,明确安全管理要求,落实安全生产管理责任,履行危大工程安全管理职责。

3.0.2 建设工程参与各方应根据各自的职责,明确安全管理权限,规定管理流程和要求,配备与危大工程管理相适应的资源。

3.0.3 施工单位应根据工程特点辨识危大工程,编制专项施工方案,按规定审核审批并组织专家论证,按方案组织施工。

3.0.4 危大工程的警示告知,以及交底、检查、验收等状态,应尽可能实现可视化管理。

3.0.5 危大工程的施工应采用成熟的施工工艺和安全防护设施、文明施工措施,宜选用先进的信息技术辅助管理。

4 安全管理职责

4.1 一般规定

4.1.1 建设工程参与各方应按规定参与危大工程的辨识确认、方案管理、过程管理、应急管理等工作，并做好相关记录，提交相关管理资料。

4.1.2 建设工程参与各方的危大工程管理人员应建立沟通机制，保持信息畅通。

4.1.3 危大工程发生险情或者事故时，建设工程参与各方应配合牵头单位开展应急救援工作，并参与应急抢险工作后评估。

4.2 建设单位

4.2.1 建设单位应依法向建设工程参与各方提供真实、准确、完整的工程地质、水文地质和工程周边环境等工程相关资料。

4.2.2 建设单位应组织勘察、设计等单位在施工招标文件中列出危大工程清单，要求施工单位在投标时补充完善危大工程清单并明确相应的安全管理措施。

4.2.3 建设单位应按照危大工程清单及相应的安全管理措施，在施工合同中约定危大工程相关的安全防护、文明施工措施费并及时支付。

4.2.4 建设单位应对相邻工地施工进行组织协调，当相邻工地存在施工影响时，应由建设单位组织编制相关专项施工方案。

4.2.5 建设单位项目负责人宜对超过一定规模的危大工程专项施工方案进行审批，并根据需要参加危大工程现场验收。

4.3 勘察单位

4.3.1 勘察单位应根据工程实际及工程周边环境和风险评估资料,在勘察文件中说明地质条件可能造成的工程风险。

4.3.2 对于地质条件复杂或其他需要勘察单位参与验收的危大工程,勘察单位应配合施工单位和监理单位进行验收工作。

4.4 设计单位

4.4.1 设计单位应根据工程实际及工程周边环境和风险评估资料,在设计文件中说明在施工阶段可能存在的工程风险,明确相应的风险防范和控制措施,并列出危大工程清单。

4.4.2 设计单位应在设计文件中注明涉及危大工程的重点部位和环节,并对参建单位进行设计专项交底,必要时进行专项设计。

4.4.3 设计文件注明的或可能给主体结构造成影响的危大工程,设计单位应配合施工单位和监理单位进行验收。

4.5 监理单位

4.5.1 项目监理单位应审核危大工程清单,审查危大工程方案,编制监理实施细则,并按规定审批。

4.5.2 项目监理单位应对危大工程施工实施专项巡视检查,参与危大工程验收,执行监理专报制度。

4.5.3 总监理工程师应全面负责危大工程监理工作的实施。

4.5.4 专业监理工程师应对危大工程专项施工方案进行审查,编制监理实施细则,对危大工程进行专项巡视检查,参与验收。

4.5.5 监理施工安全监督人员应负责审查危大工程清单及危大工程施工管理,参与危大工程专项巡视检查。

4.6 施工单位

4.6.1 总承包单位对施工现场危大工程施工安全管理负总责,各施工单位应对其所承包范围内的危大工程具体负责,配合、服从总承包单位对危大工程的相关管理。

4.6.2 总承包单位应结合工程施工环境、设计文件说明及施工特点,确定危大工程及其风险点,形成危大工程清单。

4.6.3 总承包单位应在施工组织设计中明确各项危大工程的施工部署、安排以及相邻危大工程的施工协调,并具体管理。

4.6.4 总承包单位应负责组织危大工程专项施工方案的编制、审批、论证,组织落实专项施工方案中各项措施,进行过程管理,启动应急预案。

4.6.5 总承包单位应组织落实危大工程安全管理相关资料的记录、收集、归档及信息上报。

4.6.6 危大工程实施时,施工单位项目负责人应带班生产,组织落实相关岗位的安全职责。

4.6.7 施工单位技术人员应负责组织危大工程的安全技术管理,包括编制专项施工方案、执行报批论证流程、进行技术交底等,确保按方案实施。

4.6.8 施工单位相关管理岗位应依据专项施工方案,负责危大工程施工安排以及人员、机械设备、材料等的管理。

4.6.9 施工单位专职安全管理人员应负责危大工程的安全管理,进行安全巡视;组织落实安全防护和安全技术措施,组织验收,并做好相关资料与记录的汇总归档工作。

5 危大工程确认

5.1 一般规定

5.1.1 建设工程参与各方应在项目施工的各个阶段做好危大工程和风险点的辨识、审核、更新及公示。
5.1.2 建设工程参与各方应根据职责范围,及时提供与危大工程确定相关的管理资料。

5.2 施工招投标阶段

5.2.1 建设单位应在编制施工招标文件前,组织工程勘察、设计等单位,结合工程地质、水文地质和工程周边环境等资料确定拟招标建设工程项目危大工程部位、范围等。
5.2.2 建设单位应在项目施工招标文件中列出招标阶段的危大工程清单,并作为技术标、商务标的招标依据。
5.2.3 施工单位在投标时,应结合企业施工技术能力、本工程施工特点,对建设单位的危大工程清单进行补充完善,明确相应的安全技术措施。
5.2.4 投标时,危大工程安全技术措施费用应纳入安全生产文明施工措施费内容。

5.3 施工阶段

5.3.1 工程施工前,建设单位应组织勘察、设计、监理、施工单位,就涉及施工环境、工程结构安全等的危大工程施工进行设计施工交底,明确部位、范围和环节。

5.3.2 施工单位应根据设计施工交底以及勘察、施工图纸等资料,实时补充完善危大工程清单。

5.3.3 施工单位应根据危大工程类别、工期进度、施工工艺与作业环境,识别并确定危大工程中的风险点。

5.3.4 当施工工艺发生变化时,施工单位应组织对危大工程及其风险点进行识别及确定;当工程设计与环境等发生变化时,建设单位、设计单位应共同参与对危大工程及其风险点的识别及确认。

5.3.5 监理单位应对危大工程清单和风险点进行审核。

6 专项施工方案管理

6.1 一般规定

6.1.1 施工单位应根据已确认的危大工程清单,制订专项施工方案编制计划。在计划中明确专项施工方案编制时间、编制单位以及危大工程之间需要协调的内容。

6.1.2 危大工程专项施工方案应具体指导分部分项工程及其风险点的全过程施工,监理实施细则应具体指导分部分项工程及其风险点的监理工作。

6.1.3 当规划、工期、设计、外部环境等因素发生重大变化时,施工单位应及时调整专项施工方案,并按规定重新履行审批及专家论证程序;监理实施细则同步调整。涉及资金或者工期调整的,建设单位应按照合同约定予以调整。

6.2 专项施工方案编制

6.2.1 危大工程实行施工总承包的,专项施工方案应由施工总承包单位组织相关分包单位编制。

6.2.2 危大工程实行专业分包的,其专项施工方案可由专业承包施工单位工程技术人员负责编制。

6.2.3 当相邻工地存在施工影响时,应由建设单位协调组织相关单位编制专项施工方案。

6.2.4 涉及结构安全和环境安全时,建设单位、设计单位等其他相关单位应配合危大工程专项施工方案的编制。

6.2.5 专项施工方案应依据施工环境、施工季节与工期、资源配置以及风险点的实际情况编制。

6.2.6 专项施工方案必须在危大工程施工前组织编制完成。

6.3 专项施工方案内容

6.3.1 专项施工方案应包括工程概况、编制依据、施工计划、施工工艺技术、施工安全保证措施、验收要求、应急处置措施及相关计算书、施工图等基本内容。

6.3.2 工程概况应包括工程名称、施工特点、施工单位、危险程度及施工难点、施工平面布置、施工工艺、工期等。

6.3.3 施工工艺技术应明确施工技术参数、工序流程、施工工艺方法、检查要求等。

6.3.4 施工计划应包括施工进度计划、材料与设备配置计划、作业人员配置计划等。

6.3.5 施工安全保证措施应包括组织保障措施、监测监控的内容、方法及频次等。

6.3.6 专项施工方案中,应针对危大工程的施工准备、投入使用制订相应的条件验收和实施验收计划,明确验收内容、验收标准、验收程序、验收人员等。

6.3.7 应急处置措施应针对危大工程施工过程中可能引发的潜在险情与事故类型、特点制定具体应对措施,应急程序和响应措施应与工程项目总体应急预案协调一致。

6.3.8 专项施工方案应附计算书、相关施工平面布置及施工节点详图等。

6.3.9 如采用新工艺、新材料、新设备、新技术的,专项施工方案中应详细说明其性质、特性、操作程序、防范措施等要求。

6.4 专项施工方案审批

6.4.1 专项施工方案应经编制单位技术、质量、安全、生产、设备、材料等职能部门审核相关内容后,报本单位技术负责人审核签字、加盖单位公章或具备同等效力的审批章;由分包单位编制专项施工方案的,应再报总承包单位的技术、质量、安全、生产、设备、材料等职能部门审核,总承包单位技术负责人签字批准并加盖单位公章或具备同等效力的审批章。

6.4.2 施工单位报批完成后,应报总监理工程师审查签字、加盖执业印章后方可实施。

6.4.3 施工单位如对专项施工方案进行修改,应重新履行审核审批程序。

6.4.4 建设工程未委托监理单位时,专项施工方案应报建设单位审批。

6.4.5 对位于保护范围内有特殊要求的建设工程,其相关的危大工程专项施工方案还应按相关法规规定报相关的管理部门。

7 专项施工方案论证

7.1 一般规定

7.1.1 超过一定规模的危大工程专项施工方案应由施工总承包单位在实施前完成专家论证。

7.1.2 施工总承包单位应根据本工程专项施工方案数量，结合施工进度，制订专家论证计划，明确论证时间、组织方式，兼顾方案之间需要协调的内容，统筹安排论证。

7.1.3 论证专家应从上海市住房和城乡建设管理委员会发布的专家库中选取，论证机构应经上海市住房和城乡建设管理委员会科技委登记。

7.1.4 符合以下要求的危大工程，其专项施工方案论证应按规定接受相关单位的业务指导：

  1 政府投资项目以及市重大工程项目中的超过一定规模的危大工程。

  2 采用新技术、新工艺、新设备等尚无相关技术标准的危大工程。

  3 风险特别大或对周边环境影响特别重大的危大工程。

7.2 专家论证组织

7.2.1 专项施工方案论证应由施工总承包单位自行组织或委托论证机构组织。

7.2.2 危大工程发生事故或抢险需组织专家论证的，应由建设单位发起，自行组织或委托论证机构组织。

7.2.3 论证组专家人数应不少于 5 名，由与论证工程内容相匹配的技术、安全管理等专家组成。

7.2.4 方案需要重新论证的，论证专家调整的数量不得多于原专家的 1/3，论证组组长不应调整。

7.2.5 专家论证会的参会人员应包括：

    1 专家组成员。

    2 建设单位项目负责人或技术负责人。

    3 有关勘察、设计单位项目技术负责人及相关人员。

    4 总承包单位和分包单位技术负责人或授权委派的专业技术人员、项目负责人、项目技术负责人、专项施工方案编制人员、项目专职安全生产管理人员及相关人员。

    5 监理单位项目总监理工程师及专业监理工程师。

7.3 论证过程

7.3.1 专项施工方案论证前应完成下列准备工作：

    1 专家论证前专项施工方案应通过施工总承包单位技术负责人审核和项目总监理工程师审查。

    2 必要时，论证组织单位应组织专家进行现场踏勘。

    3 除事故或抢险等紧急情况外，论证组织单位应在论证会议前将相关论证资料送达专家，专家应提前审阅方案，并填写个人书面意见。

7.3.2 专项施工方案论证会应包括下列内容：

    1 方案编制单位介绍方案内容，建设单位等其他与会单位作必要补充，并接受专家提问。

    2 专家发表个人意见后集体讨论，由专家组组长汇总形成专家组意见，并当场宣读。

    3 专家组讨论决定论证结论，并当场宣布。

7.3.3 专项施工方案论证的业务指导应符合下列程序：

1 专项施工方案论证后，工程实施前，论证组织单位应将论证通过并修改完善的专项施工方案报规定的业务指导机构。

2 规定机构组织业务指导并出具论证指导意见。

7.3.4 专项施工方案论证应包括下列内容：

1 专项施工方案审核、审批程序的规范性。

2 专项施工方案内容是否完整、可行。

3 专项施工方案计算书和验算依据、施工图是否符合有关标准规范。

4 技术、管理、安全保障措施是否充分、合理，是否满足现场实际情况，并能够确保施工安全。

5 验收、检查要求与方案的适应性。

6 风险点的确定及特征分析，应急预案的适宜性、可行性。

7.3.5 专项施工方案论证指导内容应包括下列内容：

1 论证专家组成是否符合要求。

2 论证程序是否符合要求。

3 论证报告格式是否符合要求。

4 专家个人意见及论证报告意见是否客观、恰当，是否符合现场实际情况，是否能指出方案中的重大安全问题。

5 论证结论是否恰当。

7.3.6 存在下列情况之一时，专项施工方案应重新组织论证：

1 论证结论为"不可行"。

2 论证业务指导结论为"不通过"。

3 专项施工方案发生重大变化。

7.4 专项论证报告

7.4.1 论证报告应在论证后的5个工作日内出具。

7.4.2 论证报告应由全体专家签名，每个论证专家的论证意见应附后；由论证机构组织的，论证报告还应加盖论证机构公章。

7.4.3 论证报告意见应分为整改类和建议类，意见应明确理由以及修改要求。对整改类意见，施工单位必须执行。

7.4.4 论证报告结论应明确为"可行"或"不可行"。

7.4.5 专家论证结论处理应符合下列要求：

1 当论证报告结论明确为"可行"的，施工单位应根据整改类意见修改专项施工方案，重新履行审核审批程序后，报论证机构或专家组组长备案。

2 当论证报告结论为"不可行"的，施工单位应根据整改类意见修改施工方案，重新履行审核审批程序后，按规定程序重新组织专家论证。重新论证时应提交原论证报告。

8 施工过程管理

8.1 一般规定

8.1.1 危大工程施工过程管理应包括交底、验收、检查与整改等工作。

8.1.2 建设工程参与各方应按各自职责,安排相关责任人参与危大工程施工过程管理,保留必要的管理资料和记录。

8.2 交　底

8.2.1 危大工程施工交底应包括方案交底及安全技术交底。

8.2.2 危大工程实施前,施工单位应根据专项施工方案清单,制订方案交底、安全技术交底计划,明确交底时间节点及责任人。

8.2.3 危大工程实施前,方案编制人员或项目技术负责人应根据已通过审批、论证的专项施工方案编制方案交底文件,经项目负责人审核通过后,向总、分包单位施工现场主要管理人员进行方案交底。

8.2.4 专项施工方案交底完成后,施工现场工程技术人员应编制安全技术交底文件,在危大工程施工前,向作业人员进行安全技术交底;项目专职安全生产管理人员对交底内容和过程进行监督。施工交底参与人员应在交底记录上共同签字。

8.2.5 专项施工方案交底应包括下列内容:

　　1 工程名称、施工特点、危险程度及施工难点、工期等。

　　2 施工技术参数、工序流程、施工工艺方法、质量要求及检查验收要求、常见问题及预防方法。

3 施工进度计划、材料与设备配置计划、作业人员配置计划等。

　　4 关键部位、工艺、环节与节点的安全技术防护措施及应急处置措施等。

　　5 相关施工平面布置及施工节点详图等。

8.2.6 安全技术交底应包括下列内容：

　　1 施工部位、工艺、环节的内容和环境条件。

　　2 相关现行标准规范、安全生产规章制度和操作规程。

　　3 施工人员、机械设备、物资材料的配备及关键部位、工艺、环节与节点的安全技术防护措施。

　　4 检查、验收的组织、要点、节点等相关要求。

　　5 与之衔接、交叉的施工部位、工序的安全技术防护措施。

　　6 事故应急措施及相关注意事项。

8.2.7 超过一定规模的危大工程的首次安全技术交底宜在现场作业面进行。

8.2.8 超过一定规模的危大工程交底记录宜保留相应时段交底人和被交底人参加交底的影像见证资料。

8.2.9 施工交底的内容应具有针对性，并随危大工程施工进度和主要风险点变化进行动态更新，根据实际再次组织交底。

8.3 验　　收

8.3.1 危大工程施工验收应包括施工条件验收、过程验收和结果验收。

8.3.2 施工单位应编制危大工程验收计划，明确施工验收的时间及频次。

8.3.3 危大工程实施前，应由施工项目负责人组织技术、施工、质量、安全等职能部门负责人及分包单位相关负责人等进行施工条件验收，并报监理机构总监理工程师审核。

8.3.4 对于超过一定规模危大工程的施工条件验收,应由总承包项目管理上级单位的技术、施工、质量、安全等相关职能部门(岗位)人员或根据企业规定具备同等职能的人员参加验收;当涉及周边环境安全时,应邀请建设、勘察、设计、监测等相关单位共同参与,并可请原论证专家组成员参与指导。

8.3.5 施工条件验收应确认下列内容:

1 专项施工方案已经审批论证通过,方案交底、安全技术交底已完成。

2 符合要求的专业施工单位、监护与作业人员已配备到位。

3 材料、设施、设备、应急物资与器材配备齐全,且符合施工安全要求。

4 危大工程名称、施工时间和具体责任人员已公示,危险区域的安全警示标志已设置。

5 周边安全与环境保护管理措施已落实。

6 气象条件符合施工要求。

8.3.6 脚手架、模板工程及支撑体系、落地式卸料平台等设施在施工过程中应按要求组织过程验收。

8.3.7 危大工程过程验收人员应包括下列内容:

1 总承包单位和分包单位技术负责人或授权委派的专业技术人员、项目负责人、项目技术负责人、专项施工方案编制人员、项目专职安全生产管理人员及相关人员。

2 监理单位项目总监理工程师及专业监理工程师。

8.3.8 危大工程施工结束后,应由施工单位方案编制人员组织相关岗位及分包单位人员进行结果验收。

8.3.9 危大工程结果验收人员应包括下列内容:

1 总承包单位和分包单位技术负责人或授权委派的专业技术人员、项目负责人、项目技术负责人、专项施工方案编制人员、项目专职安全生产管理人员及相关人员。

2 监理单位项目总监理工程师及专业监理工程师。

3 勘察、设计和监测等相关单位项目技术负责人根据需要参加。

8.3.10 危大工程验收合格后,方可进入下一道施工工序或使用;验收不合格的,相关责任单位应进行整改,整改完成后重新组织验收。

8.3.11 施工单位应在施工现场的明显位置设置验收标识牌,公示验收状态、验收时间及责任人员。

8.4 检查与整改

8.4.1 危大工程施工作业期间,施工单位和监理单位应根据施工内容及危险程度开展定期和不定期的过程检查。

8.4.2 危大工程施工作业期间,施工单位应对施工作业人员姓名、作业时间、作业部位和带班负责人、考勤记录等相关信息进行登记,并交总承包单位安全管理部门备案。

8.4.3 危大工程施工时,施工单位项目负责人应进行带班生产;超过一定规模的危大工程施工时,施工企业负责人应进行带班检查;方案编制人或施工单位项目技术负责人应定期巡查,现场技术把关及指导;项目专职安全生产管理人员应对现场安全操作与防护进行监督和巡视,并形成记录。

8.4.4 施工单位的过程检查应包括下列内容:
 1 施工条件验收内容的保持情况。
 2 带班生产及带班检查情况。
 3 方案编制人或施工单位项目技术负责人巡查情况。
 4 项目专职安全生产管理人员现场安全监督巡视情况。
 5 施工班组及作业人员班前、班中、班后安全作业情况。

8.4.5 施工单位在过程检查中,对未按照专项施工方案施工的,应要求立即整改,并及时报告项目负责人,项目负责人应及时组织限期整改;发现危及人身安全的紧急情况,应立即组织作业人员撤离危险区域。

8.4.6 危大工程施工时，总监理工程师应进行带班检查，对危大工程施工实施专项巡视，主要检查内容包括：

  1 危大工程按专项施工方案实施情况。

  2 施工单位项目负责人带班生产、专职安全生产管理人员现场巡查等履职情况。

  3 相关作业人员登记、持证上岗情况。

8.4.7 监理单位发现施工单位未按照专项施工方案施工的，应要求其进行整改；情节严重的，应要求其暂停施工，并及时报告建设单位；施工单位拒不整改或者不停止施工的，监理单位应及时报告建设单位和工程所在地住房城乡建设主管部门。

8.4.8 监测单位应编制危大工程监测方案，监测方案由监测单位技术负责人审批签字并加盖单位公章，报送监理单位、建设单位后方可实施。

8.4.9 监测单位应按照监测方案开展监测，及时向建设、施工、监理单位报送监测成果，并对监测成果负责；发现异常时，及时向建设、设计、施工、监理单位报告，建设单位应立即组织包括设计单位在内的相关单位采取处置措施。

9 应急管理

9.0.1 建设工程参与各方应建立应急救援体系,并保持信息畅通,确保突发事件发生时,能响应及时、处置得当、科学施救,减少损失。

9.0.2 施工单位应根据危大工程施工情况,储备应急物资和设备、定期组织应急演练,提高应急响应及处置能力。

9.0.3 施工过程中发现不符合设计文件或专项施工方案工况的情况,设计人员、专项施工方案编制人员、论证审查专家应到现场检查指导。

9.0.4 发生险情或者事故时,建设单位应牵头组织应急抢险;施工单位应依据危大工程专项施工方案立即采取应急处置措施,并报告工程所在地建设行政主管部门;勘察、设计、监理、监测等单位应配合开展应急抢险工作。

9.0.5 危大工程应急抢险结束后,建设单位应组织勘察、设计、施工、监理、监测等单位制定工程恢复方案,全面检查安全生产条件,经有关部门同意后,方可恢复施工。

9.0.6 危大工程应急抢险结束后,建设单位应对应急抢险工作进行后评估,参与各方的企业、项目部应完善应急处置方案与措施。

10 资料管理

10.0.1 工程建设参与各方应建立危大工程资料目录和清单,并随工程施工进度,同步形成危大工程资料与记录;资料与记录的内容应及时、真实、完整、规范,并可追溯。

10.0.2 工程建设参与各方应明确危大工程资料编制责任岗位,指定专人负责收集、归档和保存各项危大工程安全管理资料。

10.0.3 危大工程的资料与记录应及时进行汇总、归档,并符合现行上海市工程建设规范《建设工程施工现场安全管理资料实施标准》DG/TJ 08—2334 的规定。

10.0.4 建设单位的危大工程资料与记录应包括下列内容:
1 工程地质、水文地质和工程周边环境等资料。
2 注明涉及危大工程的重点部位和环节的设计文件。
3 项目危大工程清单及其安全管理措施资料。
4 监测记录。
5 其他应归档的资料。

10.0.5 监理单位危大工程资料与记录应包括下列内容:
1 危大工程监理实施细则。
2 危大工程专项巡视检查。
3 施工单位整改回复资料。
4 暂停施工及突发事件应对资料。
5 监理专报。
6 其他应归档的资料。

10.0.6 总承包单位应对危大工程清单、专项施工方案编制、交底、检查、验收等过程实施信息进行汇总,形成实施清单。

10.0.7 施工单位危大工程资料与记录应包括下列内容：
1 危大工程及其风险点清单。
2 危大工程专项施工方案及方案审批记录。
3 专项施工方案专家论证资料。
4 施工方案交底及安全技术交底记录。
5 验收记录。
6 检查记录及项目负责人带班记录，以及整改记录。
7 特种作业人员名单及安全教育记录。
8 突发事件及应急处置记录。
9 其他应归档的资料。

11 信息化管理

11.0.1 工程建设参与各方应运用各类先进科技手段提高危大工程安全管理信息化和智能化水平。

11.0.2 危大工程及其风险点管理的相关信息应包括危大工程基础信息、人员基础信息、大型机械设备信息、专项施工方案审批论证信息、施工过程管理信息、应急管理信息等。

11.0.3 工程建设参与各方应明确本单位信息化系统管理人员及职责，及时将危大工程信息录入本市统一的信息化管理系统，做好信息的组织、归档、分类、查询、检索及分析工作，为动态化管理提供可靠依据。

11.0.4 建设单位在申领施工许可证时，应按规定在相关管理系统中报送危大工程清单和相应的安全技术措施等资料；勘察、设计、监测单位在施工过程中应按规定及时在信息化系统中录入勘察、设计、监测数据。

11.0.5 施工单位应按规定录入危大工程施工信息、人员和机械设备信息、专项施工方案审批及论证信息、交底、验收、检查、整改等信息，辅助危大工程的作业申请、过程监控、隐患排查等管理。

11.0.6 监理单位应按规定对危大工程管理及危大工程审核审批、监督处理信息进行监理专报。

11.0.7 论证单位应按规定录入危大工程专项施工方案论证信息，包括专家、论证时间、论证结论、整改意见及整改回复确认信息。

11.0.8 工程建设参与各方应建立信息安全与保密措施，确保危大工程信息管理系统安全、可靠。

附录 A 危大工程及其常见风险点

表 A 危大工程及其常见风险点

序号	类别	危大工程	风险点
1	基坑工程	开挖深度超过 3 m(含 3 m)的基坑(槽)的土方开挖、支护、降水工程	1. 开挖至大于 3 m 深度后的作业边坡稳定 2. 微承压水、承压水土层挖土作业
		开挖深度虽未超过 3 m,但地质条件、周围环境和地下管线复杂,或影响毗邻建筑物、构筑物安全的基坑(槽)的土方开挖、支护、降水工程	局部坑中坑、分坑、群坑:电梯井、集水井、大深型承台等
2	模板工程及支撑体系	各类工具式模板工程:包括滑模、爬模、飞模、隧道模等工程	1. 模板支撑体系的搭设(包括扣件式、盘扣式、门式、碗扣式等)及拆除过程的整体稳定 2. 工具式模板的升降、吊装、移位等
		混凝土模板支撑工程:搭设高度 5 m 及以上,或搭设跨度 10 m 及以上,或施工总荷载(荷载效应基本组合的设计值,以下简称设计值)10 kN/m² 及以上,或集中线荷载(设计值)15 kN/m 及以上,或高度大于支撑水平投影宽度且相对独立无联系构件的混凝土模板支撑工程	高大支模区域混凝土的浇筑
		承重支撑体系:用于钢结构安装等满堂支撑体系	钢结构等预制构件搁置在支撑体系的过程

续表A

序号	类别	危大工程	风险点
3	起重吊装及起重机械安装拆卸工程	1. 采用非常规起重设备、方法，且单件起吊重量在10 kN及以上的起重吊装工程 2. 采用起重机械进行安装的工程	1. 采用多机抬吊的吊装作业 2. 临近架空线路的吊装作业 3. 临近建构筑物、人口密集区域、交通要道等的吊装作业 4. 多台塔机密集施工等 5. 对主要部件的安装(架桥机主梁、龙门吊主梁) 6. 起重设备顶升、加节、降节施工 7. 利用构架或建筑物吊装设备(土法吊装) 8. 履带吊移位 9. 确保大型机械设备安装及拆除的整体性稳定的施工
		起重机械安装和拆卸工程	
4	脚手架工程	搭设高度24 m及以上的落地式脚手架工程(包括采光井、电梯井脚手架)	脚手架搭设、拆除
		附着式升降脚手架工程	附着式脚手架的升降、移位、高空拆改等
		悬挑式脚手架工程	悬挑脚手架搭设、拆除
		高处作业吊篮	吊篮的安拆、升降、移位
		卸料平台、操作平台工程	平台移位
		异型脚手架工程	—
5	拆除工程	可能影响行人、交通、电力设施、通信设施或其他建(构)筑物安全的拆除工程	多台机械同时进行的拆除工程
			管道和压力容器的拆除
			承重墙体和主梁的拆除

续表A

序号	类别	危大工程	风险点
7	其他	装配式建筑混凝土预制构件安装工程	构件的装卸、堆放
			构件吊运及安装作业
			非标操作平台、防护架体及其搭设
			起重机械非标附着方式
			构件临时支撑
		采用新技术、新工艺、新材料、新设备可能影响工程施工安全,尚无国家、行业及地方技术标准的分部分项工程	针对具体工程对象确定
		在有限空间内进行施工作业	防水、拆模、焊接、清理等作业盲目施救
		重量100 kN及以上的大型结构顶升、平移、转体和施工	1. 构件的装卸、堆放 2. 构件吊运及安装作业 3. 顶升、平移、转体等平台搭设、胎架搭设 4. 起重机械选择、基础处理
		DN1600及以上的供水管道压力试验	供水管道强度压力试验
		设计压力 $P>1.6$ MPa 的燃气管道压力试验	燃气管道强度压力试验

— 27 —

附录 B 超过一定规模的危大工程及其常见风险点

表 B 超过一定规模的危大工程及其常见风险点

序号	类别	超过一定规模的危大工程	风险点
1	基坑工程	开挖深度超过 5 m(含 5 m)的基坑(槽)	1. 开挖到大于 5 m 深度后的作业边坡稳定 2. 微承压水、承压水土层挖土作业 3. 局部坑中坑、分坑、群坑;电梯井、集水井、大深型承台等
2	模板工程及支撑体系	各类工具式模板工程:包括滑模、爬模、飞模、隧道模等工程	高大模板支撑体系的搭设(扣件式、门式、碗扣式等)及拆除过程的整体稳定
		混凝土模板支撑工程:搭设高度 8 m 及以上,或搭设跨度 18 m 及以上,或施工总荷载(设计值)15 kN/m² 及以上,或集中线荷载(设计值)20 kN/m 及以上	高支模区域混凝土的浇筑
		承重支撑体系:用于钢结构安装等满堂支撑体系,承受单点集中荷载 7 kN 及以上	工具式模板的升降、吊装、移位等
3	起重吊装及起重机械安装拆卸工程	采用非常规起重设备、方法,且单件起吊重量在 100 kN 及以上的起重吊装工程	采用多机抬吊的吊装作业
			临近架空线路吊装的作业
			临近建构筑物、人口密集区域、交通要道等的吊装作业
			多台塔机密集施工等
			对主要部件的安装(架桥机主梁、龙门吊主梁)

续表 B

序号	类别	超过一定规模的危大工程	风险点
3	起重吊装及起重机械安装拆卸工程	起重量 300 kN 及以上,或搭设总高度 200 m 及以上,或搭设基础标高在 200 m 及以上的起重机械安装和拆卸工程	起重设备顶升、加节、降节施工 汽车吊、履带吊移位等
		钢结构塔吊组合式平台(非基础、附着的起重机械)	确保大型机械设备安装及拆除的整体性稳定的施工
4	脚手架工程	1. 搭设高度 50 m 及以上的落地式钢管脚手架工程 2. 搭设高度 24 m 及以上的落地式盘扣脚手架工程	脚手架搭设、拆除
		提升高度在 150 m 及以上的附着式升降脚手架工程或附着式升降操作平台工程	附着式脚手架的升降、移位、拆改等
		分段架体搭设高度 20 m 及以上的悬挑式脚手架工程	悬挑脚手架搭设、拆除
		非标吊篮	吊篮的安拆、升降、移位
5	拆除工程	码头、桥梁、高架、烟囱、水塔或拆除中容易引起有毒有害气(液)体或粉尘扩散、易燃易爆事故发生的特殊建、构筑物的拆除工程	1. 多台机械同时进行的拆除工程 2. 管道和压力容器的拆除 3. 承重墙体和主梁的拆除 4. 预应力结构切割等
		文物保护建筑、优秀历史建筑或历史文化风貌区影响范围内的拆除工程	围檩、支撑安装和拆除等
6	暗挖工程	采用盾构法、顶管法施工的隧道、洞室工程	1. 清障施工 2. 模板安装及拆除 3. 掘进施工等

续表B

序号	类别	超过一定规模的危大工程	风险点
7	其他	施工高度50 m及以上的建筑幕墙安装工程	1. 紧固件和预埋件的安装 2. 单元板及框架的安装
		跨度36 m及以上的钢结构安装工程,或跨度60 m及以上的网架和索膜结构安装工程	吊装及高空合拢
		开挖深度16 m及以上的人工挖孔桩工程	1. 人员进出 2. 开挖作业 3. 土方吊运
		水下作业工程	1. 设置和拆除水下设施 2. 水下安装爆破器材等 3. 采石和抛泥沙石
		重量1 000 kN及以上的大型结构整体顶升、平移、转体等施工工艺	1. 构件的装卸、堆放 2. 构件吊运及安装作业 3. 顶升、平移、转体等平台搭设、胎架搭设 4. 起重机械选择、基础处理
		采用新技术、新工艺、新材料、新设备可能影响工程施工安全,尚无国家、行业及地方技术标准的分部分项工程	针对具体工程对象确定

附录 C 危大工程安全管理表格样式

表 C.0.1 _____(危大工程)施工参数表(样表)

支撑构件名称	部位	截面尺寸	施工参数 (应取最大截面最不利部位为例,其他视实际情况参照)
梁			注明立杆间距、横杆、剪刀撑形式(如:每排 2 根立杆,立杆间距 700;3 道水平支撑,步距 1.8 m;沿梁方向剪刀撑连续布置等。) 详见图_____
	……	……	
板			注明立杆、横杆、剪刀撑形式(如:立杆间距 700;4 道水平支撑,步距 1.8 m;1 道扫地杆,1 道封顶杆;外圈剪刀撑连续布置,纵横向剪刀撑每 8 跨设 1 道;第三步设水平剪刀撑,连续布置;第三步满铺安全平网等。) 详见图_____
	……	……	
其他	……		

注:1 构件指梁、板、脚手架等,表中按实际填写。
 2 施工单位可优化调整本表,但管理要素不得少于样表内容。

表 C.0.2 危大工程专项施工方案审批表

工程名称：＿＿＿＿＿＿＿＿＿＿＿　　文件名称：＿＿＿＿＿＿＿＿＿＿＿

施工单位：＿＿＿＿＿＿＿＿＿＿＿　　建设单位：＿＿＿＿＿＿＿＿＿＿＿

设计单位：＿＿＿＿＿＿＿＿＿＿＿　　编制人(岗位)：＿＿＿＿＿＿＿＿＿

项目部审查	审查意见： 安全工程师： 年　月　日	审查意见： 项目工程师： 年　月　日	审查意见： 项目经理： 年　月　日
企业部门审核	技术： 质量： 工程(生产)： 安全： 其他相关职能部门(如材料、设备等)：		
企业审批	审批意见： 　　　　　　　　　　　技术负责人： 　　　　　　　　　　　　　　　　年　月　日		

表 C.0.3 危大工程专项施工方案报审表

工程名称：　　　　　　　　　　　　编号：

致：_____（项目监理机构） 　　我方已完成_____工程专项施工方案的编制，并按规定完成相关审批手续，请予以审查。 　　附：□危大工程专项施工方案及审批表 　　　　　　　　　　　　　　　　　　项目经理部_____ 　　　　　　　　　　　　　　　　　　项目经理_____ 　　　　　　　　　　　　　　　　　　日期_____
审查意见：   　　　　　　　　　　　　　　　　　　专业监理工程师_____ 　　　　　　　　　　　　　　　　　　日期_____
审核意见：   　　　　　　　　　　　　　　　　　　项目监理机构_____ 　　　　　　　　　　　　　　　　　　总监理工程师_____ 　　　　　　　　　　　　　　　　　　（签字、加盖执业印章） 　　　　　　　　　　　　　　　　　　日期_____
审批意见(仅对超过一定规模的危险性较大分部分项工程专项施工方案)：   　　　　　　　　　　　　　　　　　　建设单位_____ 　　　　　　　　　　　　　　　　　　建设单位代表_____ 　　　　　　　　　　　　　　　　　　日期_____

表 C.0.4 危大工程专项施工方案交底(样表)

编号：

交底人		交底日期	
被交底单位		监督人	

交底主要内容：
1. 方案的施工计划(详见方案)_____
2. 施工工艺技术
3. 施工安全保证措施
4. 施工管理及作业人员配备和分工
5. 验收要求
6. 应急处置
7. 相关施工图纸

被交底人员：

表 C.0.5 安全技术交底(样表)

施工部位： 编号：

交底人		作业班组	
监督人		交底日期	年　月　日

被交底人：

安全技术交底内容：
1. 施工部位、工艺、环节的内容和环境条件(详见方案_____)
2. 专业分包单位、作业班组应熟悉并掌握的相关现行标准规范、安全生产规章制度和操作规程
3. 人员、机械设备、物资材料的配备及关键部位、工艺、环节与节点的安全技术防护措施
4. 检查、验收的组织、要点、节点等相关要求
5. 与之衔接、交叉的施工部位、工序的安全技术防护措施
6. 应急措施及相关注意事项

交底日期　　年　月　日

表 C.0.6 施工条件验收表(样表)

施工部位：＿＿＿＿＿＿＿＿＿＿＿＿＿＿＿＿＿＿＿＿

<table>
<tr><th colspan="2">序号</th><th>验收项目</th><th>验收要求</th><th>验收结果
（通过/
不通过）</th><th>验收人</th></tr>
<tr><td rowspan="6">前期管理程序</td><td>1</td><td>危大工程类别</td><td>危大工程名称、施工时间和具体责任人员已公示</td><td></td><td></td></tr>
<tr><td>2</td><td>施工图纸</td><td>满足施工要求</td><td></td><td></td></tr>
<tr><td>3</td><td>专项施工方案</td><td>编制、审批、专家论证程序完整且信息网上录入</td><td></td><td></td></tr>
<tr><td>4</td><td>交底</td><td>方案交底、安全技术交底已按要求开展，参加人员和交底内容符合要求</td><td></td><td></td></tr>
<tr><td>5</td><td>材料设备检测</td><td>施工材料进场验收、检测合格</td><td></td><td></td></tr>
<tr><td>6</td><td>其他</td><td>满足施工要求</td><td></td><td></td></tr>
<tr><td rowspan="5">保障措施</td><td>1</td><td>作业环境</td><td>气候、作业场所等满足施工要求</td><td></td><td></td></tr>
<tr><td>2</td><td>人员</td><td>管理人员到岗，现场监督巡视人员签名(＿＿＿＿、＿＿＿＿)，作业人员按规定登记、持证</td><td></td><td></td></tr>
<tr><td>3</td><td>施工设备机具</td><td>施工设备机具满足施工要求</td><td></td><td></td></tr>
<tr><td>4</td><td>安全防护及警示</td><td>安全防护和安全警示标志及重大风险部位已公示</td><td></td><td></td></tr>
<tr><td>5</td><td>应急保障</td><td>救援物资已储备</td><td></td><td></td></tr>
<tr><td colspan="3">其他</td><td></td><td></td><td></td></tr>
<tr><td colspan="6">验收人：</td></tr>
<tr><td colspan="3">项目负责人：
总承包单位：(盖章)
验收意见：(明确验收结论)

年 月 日</td><td colspan="3">监理单位：(盖章)
审查意见：(明确验收结论)
审查人员：(总监理工程师)
年 月 日</td></tr>
</table>

注：企业可自行细化设计本表，要素不得少于样表内容。

表 C.0.7 危大工程作业人员登记表

日期：_____ 带班作业人员：_____ 施工人数：_____ 当天作业时间：_____

序号	作业部位	施工单位	作业人员姓名	持证情况	考勤记录	备注

考勤员：

表 C.0.8 危大工程施工过程检查记录表(样表)

检查部位：_____ 日期：_____

检查内容	发现问题
1. 施工条件验收内容的保持情况 2. 带班生产及带班检查情况 3. 方案编制人或施工单位项目技术负责人巡查情况 4. 项目专职安全生产管理人员现场安全监督巡视情况 5. 施工班组及作业人员班前、班中、班后安全作业情况 6. 其他	
处理要求：	签收人：
整改后复查情况：	
备注	

项目负责人：　　　　　技术负责人：　　　　　检查人员：

附录 D 专家论证报告

专家组论证意见

一、工程概况

二、意见及建议

（一）整改意见

（二）建议

三、总体评价

方案审批程序规范性

方案内容完整性

计算书是否符合规范标准

技术、管理、安全保障措施是否充分、合理

施工图是否符合标准规范和现场实际情况

验收、检查要求适应性

应急预案适宜性

四、结论

☐可行   ☐不可行

五、承诺

  本专家组根据填表说明要求,在认真审阅方案、了解相关情况后,本着客观、公正、观点鲜明、针对性强的原则,填写论证意见。

专家组签名: 组长: 组员:

年 月 日

(后附各位专家的书面意见)

论证备案意见表

项目名称	
备案单位	
备案日期	
备案单位联系人	联系方式
论证报告编号	
论证机构	

备案意见：

（论证方案整改完成情况）

组长签名：

年　月　日

（如为机构论证，请填论证机构名称并加盖公章）

年　月　日

附录 E 危大工程公示牌

表 E 危险性较大的分部分项工程公示牌(样表)

项目名称							
序号	危险性较大分部分项工程		风险点	施工部位	施工时间	责任人	是否专家论证
	类别	数量/规模					
1	基坑工程						是□ 否□
2	模板工程及支撑体系						是□ 否□
3	起重吊装及起重机械安装拆卸工程						是□ 否□
4	脚手架工程						是□ 否□
5	拆除工程						是□ 否□
6	暗挖工程						是□ 否□
7	其他						是□ 否□

注:企业可自行细化设计本表,要素不得少于样表内容。

附录 F 危大工程验收牌

表 F _____工程验收牌(样表)

验收部门		监理工程师		
项目负责人		验收人员	工程部	
项目技术负责人			设备材料部	
分包单位技术负责人			质量技术部	
专项方案编制人		验收状态	合格□　　　不合格□	
专职安全员		验收时间	年　月　日	

注:企业可自行细化设计验收牌,要素不得少于上述内容。

本标准用词说明

1 为了便于在执行本标准条文时区别对待,对要求严格程度不同的用词说明如下:
　　1)表示很严格,非这样做不可的用词:
　　　正面词采用"必须";
　　　反面词采用"严禁"。
　　2)表示严格,在正常情况均应这样做的用词:
　　　正面词采用"应";
　　　反面词采用"不应"或"不得"。
　　3)表示允许稍有选择,在条件许可时首先应这样做的用词:
　　　正面词采用"宜";
　　　反面词采用"不宜"。
　　4)表示有选择,在一定条件下可以这样做的用词,采用"可"。

2 标准中指定应按其他有关标准执行时,写法为"应符合……的规定(要求)"或"应按……执行"。

引用标准名录

1 《密闭空间作业职业危害防护规范》GBZ/T 205
2 《建筑施工模板安全技术规范》JGJ 162
3 《建设工程班组安全管理标准》DG/TJ 08—2061
4 《建设工程监理施工安全监督规程》DG/TJ 08—2035
5 《施工现场安全资料和记录实施标准》DG/TJ 08—2334
6 《建筑施工高处作业安全技术规范》JGJ 80
7 《建筑施工扣件式钢管脚手架安全技术规范》JGJ 130

上海市工程建设规范

危险性较大的分部分项工程
安全管理规范

DG/TJ 08—2077—2021
J 11755—2021

条文说明

2022　上海

目　次

1 总　则 …………………………………………………… 53
2 术　语 …………………………………………………… 54
3 基本规定 ………………………………………………… 55
4 安全管理职责 …………………………………………… 56
　4.1 一般规定 …………………………………………… 56
　4.2 建设单位 …………………………………………… 56
　4.3 勘察单位 …………………………………………… 57
　4.4 设计单位 …………………………………………… 57
　4.5 监理单位 …………………………………………… 58
　4.6 施工单位 …………………………………………… 58
5 危大工程确认 …………………………………………… 59
　5.2 施工招投标阶段 …………………………………… 59
　5.3 施工阶段 …………………………………………… 59
6 专项施工方案管理 ……………………………………… 60
　6.1 一般规定 …………………………………………… 60
　6.2 专项施工方案编制 ………………………………… 60
　6.3 专项施工方案内容 ………………………………… 60
　6.4 专项施工方案审批 ………………………………… 62
7 专项施工方案论证 ……………………………………… 63
　7.2 专家论证组织 ……………………………………… 63
　7.3 论证过程 …………………………………………… 63
　7.4 专项论证报告 ……………………………………… 63
8 施工过程管理 …………………………………………… 64
　8.2 交　底 ……………………………………………… 64

	8.3 验　收 ···	64
	8.4 检查与整改 ···	66
9	应急管理 ···	67
10	资料管理 ··	68
11	信息化管理 ··	69
附录 A	危大工程及其常见风险点 ·································	70
附录 B	超过一定规模的危大工程及其常见风险点 ············	71
附录 C	危大工程安全管理表格样式 ······························	72

Contents

1 General provisions 53
2 Terms 54
3 Basic requirements 55
4 Safety management responsibilities 56
   4.1 General requirements 56
   4.2 The developer 56
   4.3 The survey unit 57
   4.4 The design unit 57
   4.5 The supervisor 58
   4.6 The contractor 58
5 To identify the divisional work & subdivisional work with higher risks 59
   5.2 The construction tendering phase 59
   5.3 The construction phase 59
6 The special method statement 60
   6.1 General requirements 60
   6.2 Preparation of the special method statement 60
   6.3 The contents of special method statement 60
   6.4 Review of the special method statement 62
7 Approval of the special method statement 63
   7.2 The organization of the approval 63
   7.3 The process of the approval 63
   7.4 The reports of the approval 63

8   Construction process management of divisional work &
     subdivisional work with higher risks ·················· 64
     8.2   Disclosure ·· 64
     8.3   Acceptance ·· 64
     8.4   Inspection and rectification ························· 66
9   Emergency management ·· 67
10   Documents management ····································· 68
11   Informationization manangement ························· 69
Appendix A   Scope and major hazards commonly encountered
             in divisional work & subdivisional work with
             higher risks ··· 70
Appendix B   Scope and major hazards commonly encountered
             in divisional work & subdivisional work with
             higher risks beyond a certain scale ··············· 71
Appendix C   Examples of the forms for divisional work &
             subdivisional work with higher risks
             management ··· 72

1 总 则

1.0.1 本条明确了本标准的目的和意义。本标准就是以强化危险性较大的分部分项工程在施工阶段的安全管理为关注重点。

1.0.2 本条说明了本标准的适用范围。本标准对本市行政区域内的所有建设工程的分部分项工程安全管理的特殊要求作出相应的规定,不包括建设工程安全管理都需要遵循的常规性一般要求。本条中所指"所有建设工程"包括建委、交委、水务等部门负责管理范围内的工程。

1.0.4 本标准与适用法律法规、标准规范的有关规定是兼容的。

2 术　语

2.0.1 此处所指分部分项工程是广义的，不仅指构成工程实体的分部分项工程，也包括与脚手架、起重机械等施工设施、设备安装拆除，基坑支护、模板等临时性工程有关的分部分项工程。

　　危大工程施工过程中一定存在一个或多个可能会导致生产安全事故的施工环节或工序。

2.0.2 通常说的有限空间、受限空间、密闭空间基本上是指同一种类型的空间，主要是通风不良、进出受限的情况，施工作业中常见的受限空间为集水井、污水池、沉淀池、隧道、管道等。本定义参照国家标准《密闭空间作业职业危害防护规范》GBZ/T 205—2007。

2.0.3 本条按照住建部办公厅《关于实施〈危险性较大的分部分项工程安全管理规定〉有关问题的通知》(建办质〔2018〕31号)的附件1第五条编制。拆除工程不仅包括新建或改建工程中的结构拆除工作，也包括基坑施工过程中的支撑结构等临时设施的拆除工作。同时应特别关注改扩建工程中的承重结构拆除工程。

3 基本规定

3.0.1 本条是危大工程安全管理的总要求。

3.0.2 落实安全责任制是危大工程安全生产的根本保证,参与各方必须责任到位。

3.0.4 可视化管理:通过不同颜色、标志的安全帽、警示背心区分并显示施工现场人员工种、所属单位及安全教育交底状态;在施工现场将危大工程清单、设备设施验收牌、安全风险区域等进行公示和信息更新等。

3.0.5 危大工程施工应采取成熟可靠的施工工艺和安全防护设施、文明施工措施,以保证危大工程施工安全。本条提出的信息化施工要求,如通过必要的监视和测量措施、网络技术、远程监测、实时监控等手段采集分析信息,对危大工程施工过程信息进行动态评估和预警。

4 安全管理职责

4.1 一般规定

4.1.1 记录可采用书面、影像等形式,应体现填报单位、内容、时间、参与单位签章、人员签名等要素。

如建设工程未委托监理,本章内关于监理单位的安全管理职责由建设单位承担。

4.1.3 牵头单位安全管理职责详见本标准第 9.0.4 条的内容。

4.2 建设单位

4.2.1 建设单位应在项目决策阶段对建设工程的风险进行评估,在招标阶段将风险评估的内容提供给勘察、设计、施工和监理等单位。建设工程参与各方包括勘察、设计、施工和监理等单位,各相关单位应根据风险评估报告内容在勘察文件、设计方案、初步设计文件、施工图设计文件、施工组织设计文件的编制过程中,明确相应的风险防范和控制措施。

4.2.3 如因设计、环境等非施工原因导致方案变更,建设单位应支付相应费用,并对工期进行调整。

4.2.4 当两相邻工地存在施工影响,或在同一施工区域内将工程同时发包给 2 个或 2 个以上施工单位的,建设单位或工程发包方应组织相关总承包单位或专业承包单位编制危大工程专项施工方案,统筹管理。

4.3 勘察单位

4.3.1 周边环境是指：施工影响范围内周边地块设施的主要功能（尤其是住宅、学校、医院、有精密仪器与设备的厂房等敏感地带）、相邻拟建建（构）筑物的主要情况、既有建（构）筑物的基础、交通设施的地基基础、防汛设施的基础、地下管线、共同沟与综合管廊、架空线路的（如电压等）参数、相邻基坑的设计与施工情况、相邻建设工程或场地的大中型起重设备布置情况以及周边的民风、树木（含古树、名木）、绿化、农作物、保护文物的情况等可能影响或危及工程施工的设施，而且还应包含周边环境保护对象的重要性程度（尤其是重要性程度非常高、较高者）的准确描述。

地质条件可能造成的工程风险包括：

（1）不良地质可能会造成基坑边坡滑坡、坍塌、土钉或锚杆（索）欠锚失稳、施工机械设备陷机等风险。

（2）（微）承压水可能会造成基坑管涌、坑底隆起，甚至还有可能造成换撑底板结构隆起进而危及基坑安全等风险［应说明降低（微）承压水可能危及周边建构（筑）物沉陷、变形、开裂等方面的风险］。

（3）潜水浮力可能会造成换撑底板结构隆起进而危及基坑安全等风险；还应提示由建筑工程设计单位根据地下结构抗浮设计情况最终决定停止潜水降水的条件。

（4）（微）承压水和潜水可能会造成坐落于底板结构中的塔吊基础隆起进而危及塔吊安全等风险。

4.4 设计单位

4.4.2 涉及危大工程的重点部位和环节示例如下：

（1）人工挖孔桩可能导致的缺氧、窒息、高空坠物、坠入桩孔等风险。

（2）基础工程或水下工程中可能采用的围堰、导流、水下作业等危大工程。

（3）基坑工程可能导致的基坑变形、边坡滑坡、坍塌、失稳、止水帷幕渗漏、支撑轴力过大、临边坠落、临边坠物、管涌、坑底隆起、换撑底板结构隆起、栈桥过载、入坑斜栈桥(坡道)处运输车辆轮滑等风险。

（4）地下连续墙、大直径或超深桩基钢筋笼应说明制作与吊装风险。

（5）SMW工法桩、基坑钢支撑安装与拆除以及切割法拆除基坑钢筋混凝土内支撑的吊装风险。

（6）高层或超高层建筑中可能采用的单侧支模、顶模、爬模、滑模、飞模、隧道模板等危大工程。

（7）地下管线、地下工程或其他建(构)筑物中密闭空间施工可能造成的缺氧、窒息等风险。

（8）采用新技术、新工艺、新材料、新设备可能影响工程施工安全而又尚无国家、行业及地方技术标准的分部分项工程可能造成的风险。

4.5 监理单位

4.5.4 监理单位应对施工单位上报的信息和方案提出书面意见。在监理实施细则中应明确监理的工作流程、方法、措施和控制要点。

本条按照上海市工程建设规范《建设工程监理施工安全监督规程》DG/TJ 08—2035—2014 的要求编写。

4.6 施工单位

4.6.1 危大工程由总承包单位实施的,施工单位是指总承包单位。危大工程由专业分包单位实施的,施工单位是指专业分包单位。

5 危大工程确认

5.2 施工招投标阶段

5.2.2 危大工程清单可按照本标准附录 A 和附录 B 编制。

5.2.3 企业技术能力包括管理水平及施工装备情况。

5.3 施工阶段

5.3.3 危大工程以及超过一定规模的危大工程范围及其常见风险点可按照本标准附录 A 和附录 B 执行。

本标准附录 A、附录 B 所列危大工程以及其中超过一定规模的危大工程范围及其风险点，根据国务院行政主管部门及上海市有关规定编制。

6 专项施工方案管理

6.1 一般规定

6.1.1 专项施工方案编制计划中应包括方案名称、数量、编制时间、编制责任人、是否需要论证等内容。专项施工方案应在危大工程实施前完成编制、审批和论证,确保危大工程能顺利实施。

6.1.3 重大变化是指对工期、设计、外部环境、施工工艺、操作流程、结构安全、验收标准等等造成影响和变化的情况,以及本标准第6.3.1条专项施工方案主要内容发生变动的情况。

6.2 专项施工方案编制

6.2.1 当同一施工场所存在多个分包单位同时施工时,应由总承包单位组织编制专项施工方案。

6.2.2 起重机械安装、拆卸工程、围护工程、附着式升降脚手架工程通常由专业分包单位进行编制。

6.2.3 相关单位包括但不限于相邻工地的建设单位、勘察单位、设计单位、深化设计单位、总承包单位、监理单位及其他受影响的专业施工单位等。

6.3 专项施工方案内容

6.3.1 本条规定了专项施工方案的基本内容。

编制依据应包括相关法律、法规、规范性文件、标准、勘察报告及施工图设计文件、施工组织设计、产品说明书等。

6.3.2 危险程度是指危大工程施工过程中可能造成的安全环境风险级别，一般分为重大和一般。

6.3.3 施工工艺参数包括技术参数、技术流程、施工方法、操作要求、检查要求等。施工单位在编制专项施工方案时，应在"施工工艺技术"中明确危大工程施工参数，并列清单。计算应取最不利构件及工况进行。

施工参数表样式可参见本标准附录 C 表 C.0.1。

6.3.4 施工计划中应考虑整个工程的工序衔接，尽可能避免交叉施工、先浅后深等。作业人员配置计划中应包括施工管理人员、专职安全生产管理人员、特种作业人员、其他作业人员等，同时应明确人员持证上岗的要求。

6.3.5 安全保证措施可包括组织保障措施、技术措施、监测监控措施等；针对每个危大工程安全风险因素控制的技术措施、管理措施及实施要点。

6.3.6 验收应包括对人员、实物、管理、环境条件的验收。过程中程序性的验收以及结果验收是为了对重要节点、关键部位进行严格把关，确保所有施工阶段在安全可靠的状态下开始直至下一阶段。

验收要求应包括验收要点，主要验收节点、方法、标准，组织安排及记录表式。记录表式中的验收要点应与专项施工方案中的安全技术措施及实施要点逐条对应、协调一致。

6.3.7 应急处置措施应包括下列内容：

1 风险点的潜在事故类型、可能发生的施工部位及工序、紧急情况特征分析。

2 应急救援组织机构、人员、职责。

3 应急物资与器材、抢险队伍的准备与调用。

4 与企业内部相关职能部门、建设工程参与各方和政府、消防、救险、医疗、警务、舆情通报等相关单位与部门的信息报告的程序、内容、通信联系方式。

5 险情或事故发生后的侦测、警戒、疏散、救助、工程抢险等施救技术路线及具体应对措施。

6 应急演练的组织与实施。

7 预案的修改或更新。

6.3.8 相关图纸可包括平面图、立面图、剖面图、工况图、节点详图等。计算书可包括针对最不利状况的计算模型及验算结果等。

6.4 专项施工方案审批

6.4.1 原则上,技术管理职能部门应主要审核工程概况、编制依据、施工工艺技术及相关计算书施工图等内容;施工管理职能部门应主要审核施工计划等内容;安全管理职能部门应主要审核施工安全保证措施、验收要求、应急处置措施等内容;设备材料管理职能部门应主要审核材料与设备配置计划及相关验收检查等。

方案审批主要包括专项施工方案的安全技术措施或专项施工方案必须符合安全生产法律、法规、规范、工程建设强制性标准及当地有关安全生产的规定;应附有安全验算的结果;须经专家论证、审查的项目,应附有专家审查的书面报告;应有紧急救援措施等应急救援预案。专项施工方案应针对本工程特点、施工部位、所处环境、施工管理模式、现场实际情况,具有可操作性。

编制单位审批表样式可参见本标准附录 C 表 C.0.2,报监理单位报审表样式可参见本标准附录 C 表 C.0.3。

6.4.4 建设单位由单位技术负责人或项目负责人对专项施工方案进行审批签字、加盖单位公章。建设单位主要对方案的全面性、安全费用投入、安全防护及文明施工要求等方面进行审批。

6.4.5 本条中所指的"保护范围内有特殊要求的建设工程"范围包括运营隧道、地铁、机场、桥梁、原水管渠等工程,具体实施依据上海市相关地方性的行政规定。

7 专项施工方案论证

7.2 专家论证组织

7.2.1 基坑工程的论证管理依据《上海市基坑工程管理办法》(沪住建规范〔2019〕4号)执行。其他危大工程专家论证工作依据《上海市危险性较大的分部分项工程专家论证管理办法》(沪建管〔2015〕569号)实施。

7.2.3 专家任职资格应符合市住建委相关文件的要求。专家应从市住建委发布的专家库中选取,与本工程有利害关系的人员不得以专家身份参加专家论证会。

7.3 论证过程

7.3.6 重大变化指工程规模、基础和结构形式、环境和边界条件、材料工艺、施工机具设备、施工工况和流程等发生较大变化。

7.4 专项论证报告

7.4.1 根据《上海市危险性较大的分部分项工程专家论证管理办法》(沪建管〔2015〕569号)规定,论证报告应在论证后5个工作日内反馈给施工企业。

8 施工过程管理

8.2 交 底

8.2.3 施工现场主要管理人员主要指施工员、质量员、安全员、专业工长等与安全管理工作相关的人员。方案交底样式可参见本标准附录 C 表 C.0.4。

8.2.4 根据《建设工程安全生产管理条例》(国务院令第 393 号)第二十七条的规定:建设工程施工前,施工单位负责项目管理的技术人员应当对有关安全施工的技术要求向施工作业班组、作业人员作出详细说明,并由双方签字确认。

行业标准《建筑施工安全检查标准》JGJ 59—2011 第 3.1.3 条规定:施工负责人在分派生产任务时,应对相关管理人员、施工作业人员进行书面安全技术交底。

安全技术交底中除了施工要求外,应偏重于安全风险分析、安全防范措施及应急处置措施的内容。

安全技术交底样式可参见本标准附录 C 表 C.0.5。

8.2.7 超过一定规模的危大工程的首次安全技术交底可在现场作业面进行,以便更好地对作业环境和危险因素进行识别和交底。

8.3 验 收

8.3.1 危大工程验收应根据《危险性较大的分部分项工程安全管理规定》(住房和城乡建设部令第 37 号)、《上海市基坑工程管理办法》(沪住建规范〔2019〕4 号)、《上海市建设工程危险性较大的分部分项工程安全管理实施细则》(沪住建规范〔2019〕6号)及相关专业安全技术规范内的验收要求组织施工条件验收、过程验收和结果验收。

在施工过程中,按规定对下道工序的安全影响较大的节点及承重结构、连接件等需要进行的专项验收及其他验收,进行过程验收;对下道工序安全风险造成影响较大的节点包括危险性较大的分部分项工程基础施工阶段、从一般危险到较大危险的转换阶段、不同工序的转换阶段等。如高大模板支撑体系、脚手架的基础应在架体搭设前进行验收,塔式起重机在安装前应对基础进行验收。

设施设备安装完成后,应在投入使用前进行使用验收。

8.3.3 施工条件验收类似于目前实行中的施工作业许可,包括开挖令、拆模令、吊装令、动火证、浇筑令等,是施工单位已有的管理制度,对危大工程施工作业也应如此;当通过施工条件验收后、在实际实施前,应办理审批手续。对基坑工程按《上海市基坑工程管理办法》(沪住建规范〔2019〕4号)执行。

施工条件验收表样式可参见本标准附录C表C.0.6。

8.3.4 对于超过一定规模的危大工程的施工条件验收,验收人员应包括项目部上级单位及专业分包单位的技术、施工、质量、安全等相关职能部门(岗位)人员。

8.3.6 如脚手架、模板工程及支撑体系、落地式卸料平台等设施未能严格按施工方案、安全技术规范组织实施,可能会对下一步施工安全产生严重影响。

因此,应对此类设施组织过程验收,如模板工程应验收合格后方可进入下一道工序——绑扎钢筋、浇筑混凝土;施工设施如脚手架工程,应验收合格后方可投入使用;高大模板支撑体系、脚手架的基础应在架体搭设前进行验收。

8.3.9 本条内被授权委派的专业技术人员是指有单位技术负责人书面的授权文件,经双方签字确认,并盖单位公章认可的人员,被授权人必须具备相关专业中级以上职称。

危大工程验收记录中的验收标准内容应根据相关标准规范和专项施工方案内容进行编制;验收结果应体现现场实际检查情况及数据。

8.4 检查与整改

8.4.2 作业人员登记表样式可参见本标准附录C表C.0.7。

实行危大工程作业人员登记制度,记录作业人员姓名、持证情况、作业时间、作业部位和带班负责人等信息。主要目的为严格控制危大工程作业人员是否为受过安全技术交底的人员,核实持证人员信息,并监督项目负责人进行现场带班生产。同时,也为可能发生的突发事故应急处置提供准确信息。

8.4.4 危大工程施工过程检查记录表可参见本标准附录C表C.0.8。

5 施工班组及作业人员班前、班中、班后安全作业情况管理应符合现行上海市工程建设规范《建设工程班组安全管理标准》DG/TJ 08—2061的相关内容要求。

8.4.7 按《危险性较大的分部分项工程安全管理规定》(住房和城乡建设部令第37号)的要求实施;对施工单位拒不整改或者不停工的情况,监理单位应按照《建设工程安全管理条例》的规定进行报告。

8.4.8 监测方案的主要内容应包括工程概况、监测依据、监测内容、监测方法、人员及设备、测点布置与保护、监测频次、预警标准及监测成果报送等。

8.4.9 工程监测单位应在危大工程施工时,重点对地下工程、基坑工程、拆除工程等涉及周边环境保护、结构主体和临时性工程实体的缺陷、变形等安全方面的影响情况进行巡视检查。

9 应急管理

9.0.3 设计人员、专项施工方案编制人员、论证审查专家到现场检查指导时应留有书面协调、处置意见或会议记录。

9.0.4 建设工程参建各单位应根据住建部、本市建设主管部门事故上报相关管理规定要求进行事故信息上报。

10 资料管理

10.0.2 危大工程施工过程中的各类安全管理资料应由对应的安全管理活动组织人员建立并保存。如安全技术交底记录由技术管理人员负责,安全教育由安全管理人员负责。

10.0.3 危大工程资料与记录由总承包单位负责组织实施,并收集、归档。

10.0.6 由专业分包单位实施危大工程的,可以由其落实实施范围内危大工程清单、专项施工方案、实施计划、作业人员登记、交底、验收等相关资料和记录,总承包单位应及时审核、汇总。

11 信息化管理

11.0.1 危大工程信息化管理系统可以包括：基础信息管理、专项施工方案审批论证、在线动态监控、无线智能广播、大型机械运行监管、智能监测预警（吊篮、深基坑、沉降、高支模、卸料平台监测、人员违章信息、危险区域红外预警）、隐患排查治理、应急救援管理等功能。实现形式包括：二维码、BIM技术、Wi-Fi技术、监控系统等。

11.0.2 施工过程动态管理信息包括各类监测、监督巡视等活动获取的数据和信息。

11.0.3 建设单位、施工单位、监理单位及科技委、监督机构等单位应通过上海市住房和城乡建设委员会网上办事平台进行危大工程信息的填报、修改、论证及查询等信息化管理工作。各单位也可以借助其他信息系统开展本单位的危大工程管理工作。

危大工程管理的相关信息上报要求如下：

建设单位通过法人一证通数字证书登录建设工程项目信息申报系统，填写项目信息。工程开工后，总承包单位项目负责人应通过"安全生产标准化系统"的"危险性较大分部分项工程"栏目填报本工程涉及的所有危大工程相关信息，包括类别名称、危险性程度、范围、拟开始日期、分包单位等基础信息，专家论证信息，以及相关过程管理信息等内容。

附录 A　危大工程及其常见风险点

1　承重支撑体系：用于钢结构安装等满堂支撑体系

此处的"满堂支撑体系"还应包括用于安装或搁置预装梁、板或金属模板等构件的支撑体系。

2　搭设高度 24 m 及以上的落地式脚手架工程（包括采光井、电梯井脚手架）

如采光井、电梯井脚手架基础采用工字钢的，且工字钢两端均搁置在主体结构上或有可靠支承点的，应按落地式钢管脚手架进行计算和管理。

3　卸料平台、操作平台工程

　　1）高度在 2 m 以下的不可移动操作平台可不按危大工程进行管理，但应有计算书、交底书，并按要求进行验收。

　　2）超过行业标准《建筑施工高处作业安全技术规范》JGJ 80—2016 第 6 章中对操作平台构造规定参数的，应按超过一定规模的危大工程进行管理。

4　装配式建筑混凝土预制构件安装工程

此处的安装工程还应包括构件进场时的装卸和吊运。

附录 B 超过一定规模的危大工程及其常见风险点

1 模板工程及支撑体系中可判定为高支模范围的几种经验值：

1) 楼板厚度大于 350 mm 时，施工总荷载超限。
2) 一般认为截面积大于 0.55 m^2 的梁为集中线荷载超限，具体以计算为准。

2 履带吊自身拼装作业，不属于超过一定规模的危大工程。

3 无现行国标、行标、上海地标的分部分项工程应按超过一定规模的危大工程进行管理。

附录 C 危大工程安全管理表格样式

1 表 C.0.1 施工参数表

施工单位可对表中内容进行调整优化，但管理要素不得少于样表中内容。

2 表 C.0.2 危大工程专项施工方案审批表

如分包编制的危大工程方案，分包方案审批表同总承包审批表。

3 表 C.0.3 危大工程专项施工方案报审表

 1）本表一式三份，项目监理机构、建设单位和施工单位各一份；

 2）如分包编制的危大工程方案，分包方案报审表同总承包报审表。

4 表 C.0.4 危大工程专项施工方案交底

 1）交底人为方案编制人员或项目技术负责人；

 2）被交底人员为涉及危大工程施工现场管理人员；

 3）监督人为项目专职安全管理人员；

 4）下划线内容应详细填写专项施工方案涉及的页码及章节条款。

5 表 C.0.5 安全技术交底

 1）交底人为涉及危大工程施工的现场施工管理人员；

 2）被交底人为危大工程作业人员；

 3）下划线内容应详细填写专项施工方案页码及章节条款。

6 表 C.0.6 施工条件验收表

 1）施工单位可对表格进行优化调整，但管理要素不得少于样表；

2)"验收人员"应依据现场安全管理体系的职责分工填报；

　　3)验收结论为通过或不通过。

7　表 C.0.7　危大工程作业人员登记表

　　1)人员应是实名制登记人员,作业人员名单可打印,每个作业人员在考勤记录空格内签名；

　　2)持证情况应填写特种作业人员的上岗证编号；

　　3)考勤每天班前交总承包单位备案核查；

　　4)施工单位可对表格进行优化调整,但管理要素不得少于样表。

8　施工单位可对附录 C 中的表格内容进行优化调整,但管理要素不得少于样表。